CATALOGUE

DES

OISEAUX D'EUROPE

OFFERTS EN 1856 AUX ORNITHOLOGISTES

PAR M. ÉMILE PARZUDAKI

SUIVI D'UNE

ÉNUMÉRATION SUPPLÉMENTAIRE DES ESPÈCES ALGÉRIENNES NON EUROPÉENNES

D'UNE LISTE DES ESPÈCES ACCLIMATÉES

ET D'UNE AUTRE DE CELLES DONNÉES A TORT COMME D'EUROPE

RÉDIGÉ D'APRÈS LES DERNIÈRES CLASSIFICATIONS

DE

S. A. MONSEIGNEUR LE PRINCE BONAPARTE

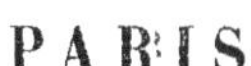

PARIS

CHEZ M. ÉMILE PARZUDAKI, NATURALISTE

RUE DU BOULOI, 2

1856

CATALOGUE

DES

OISEAUX D'EUROPE

OFFERTS EN 1856 AUX ORNITHOLOGISTES

PAR M. ÉMILE PARZUDAKI

SUIVI D'UNE

ÉNUMÉRATION SUPPLÉMENTAIRE DES ESPÈCES ALGÉRIENNES NON EUROPÉENNES

D'UNE LISTE DES ESPÈCES ACCLIMATÉES

ET D'UNE AUTRE DE CELLES DONNÉES A TORT COMME D'EUROPE

RÉDIGÉ D'APRÈS LES DERNIÈRES CLASSIFICATIONS

DE

S. A. MONSEIGNEUR LE PRINCE BONAPARTE

PARIS

CHEZ M. ÉMILE PARZUDAKI, NATURALISTE

RUE DU BOULOI, 2

1856

CATALOGUE

DES

OISEAUX D'EUROPE

OFFERTS EN 1856 AUX ORNITHOLOGISTES

Par M. Émile PARZUDAKI

SUIVI D'UNE

ÉNUMÉRATION SUPPLÉMENTAIRE DES ESPÈCES ALGÉRIENNES NON EUROPÉENNES

D'UNE LISTE DES ESPÈCES ACCLIMATÉES

ET D'UNE AUTRE DE CELLES DONNÉES A TORT COMME D'EUROPE

RÉDIGÉ D'APRÈS LES DERNIÈRES CLASSIFICATIONS

DE

S. A. MONSEIGNEUR LE PRINCE BONAPARTE

Les espèces ainsi marquées * se trouvent aussi en Algérie.

SUBCLASSIS I. ALTRICES.

ORDO II. ACCIPITRES.

1	GYPS	FULVUS, *Bp. ex Gm.* *a. occidentalis, *Schlegel* *indicus*, Savi. — *Kolbi!* Temm. *vulgaris*, Savigny.
2	VULTUR	*MONACHUS, *L.* *niger*, Br. — *cinereus*, Gm.
3	NEOPHRON	*PERCNOPTERUS, *Cuv. ex L.*
4	GYPAETUS	BARBATUS, *Storr, ex L.* *a. occidentalis, *Schlegel.*
5	AQUILA	*FULVA, *L.* *barthelemyi*, Jaubert. a. chrysaetos, *L.*
6	AQUILA	*HELIACA, *Savigny.* *imperialis*, Temm.
7	AQUILA	*NÆVIA, *Br.* *planga*, Vieill. a. clanga, *Pallas.*
8	PSEUDAETUS	*BONELLII, *Bp. ex Temm.* *Aq. fasciata*, Vieill. *ducalis*, Licht. *intermedia*, Boitard.
9	JERAETUS	*PENNATUS, *Kaup, ex Gm.* a. minutus, *Brehm.*
10	HALIAETUS	*ALBICILLA, *Bp. ex L.* *Aq. ossifraga*, Gm. Juv.
11	CUNCUMA	MACEI a. leucorypha, *Pall.* *Aq. deserticola*, Eversm.
12	PANDION	*HALIÆTUS, *Bp. ex L.*
13	CIRCAETUS	*GALLICUS, *Bp. ex Gm.* *brachydactylus*, Temm.
14	PERNIS	APIVORA, *Cuv. ex L.*
15	ARCHIBUTEO	LAGOPUS, *Brehm, ex Brunn.*

No.	Genre	Espèce
16	BUTEO	ˈCINEREUS, *Cuv. ex Gm.* *mutans* et *fasciatus*, Vieill. *vulgaris*, Bechst. — *pojana*, Savi.
17	BUTEO	TACHARDUS a. martini, *Hardy*
18	BUTEO	ˈFEROX, *Thien. ex Gm.* *rufinus*, Rupp. — *hypoleucus*, Pall. *Butaetus leucurus*, Naum. *cirtensis*, Levaill. jun. a. eximius, *Brehm.*
19	FALCO	ˈCOMMUNIS, *Br.* *peregrinus*, Auct.
20	HIEROFALCO	CANDICANS, *Cuv. ex Gm.* *groenlandicus*, Brehm. *arcticus*, Holb.
21	HIEROFALCO	ISLANDICUS, *Cuv. ex Brunn.* *gyrfalco*, Keys. et Bl. a. gyrfalco, *Schleg.* *lanarius*? L.
22	GENNAJA	ˈSACRA, *Bp. ex Belon.* *lanarius*, v. d. Muhle. *cyanopus*, Tiedemann.
23	GENNAJA	ˈLANARIUS, *Bp. ex Schleg.* *feldeggi*, Schleg.
24	HYPOTRIORCHIS	ˈELEONORÆ, *Bp. ex Gene.* *Falco arcadicus*, Linderm.
25	HYPOTRIORCHIS	ˈCONCOLOR, *Bp. ex Temm.*
26	HYPOTRIORCHIS	ˈSUBBUTEO, *Boie, ex L.*
27	ÆSALON	ˈLITHOFALCO, *Gr. ex Gm.*
28	TINNUNCULUS	ˈALAUDARIUS, *Vieill. ex Br.*
29	TINNUNCULUS	ˈCENCHRIS, *Bp. ex Naum.* *F. tinnunculoides*, Schinz.
30	ERYTHROPUS	ˈVESPERTINUS, *Brehm, ex L.* *F. rufipes*, Beseke.
31	ASTUR	ˈPALUMBARIUS, *L.*
32	ACCIPITER	ˈNISUS, *Bp. ex L.* a. major, *Degland.* b. ferrugineus, *Nordm.*
33	MILVUS	REGALIS, *Br.*
34	MILVUS	NIGER, *Br.* *ater*, Gm.
35	MILVUS	PARASITUS, *Bp. ex Daud.* *ægyptius*, Forsk.
36?	NAUCLERUS	FURCATUS, *Vig. ex L.*
37	ELANUS	CÆRULEUS, *Bp. ex Desfont.* *Falco melanopterus*, Daud.
38	CIRCUS	ˈÆRUGINOSUS, *Bp. ex L.* *F. rufus*, Gm. a. byzantinus, *Bp.*
39	STRIGICEPS	CINERACEUS, *Bp. ex Mont.* *C. montagui*, Vieill.
40	STRIGICEPS	ˈSWAINSONI, *Bp. ex Smith.* *pallidus*, Sykes. *dalmatinus*, Rupp. *feldeggi*, Bruch.
41	STRIGICEPS	ˈCYANEUS, *Bp. ex L.* *pygargus*, Cuv. an L.?
42	STRIX	FLAMMEA, *L.*
43	ULULA	CINEREA a. lapponica, *Bp. ex Retz.*
44	PTYNX	URALENSIS, *Pall.* *liturata*, Gm. *macrocephala*, Meisner.
45	NYCTALE	FUNEREA, *Bp. ex L.* *tengmalmi*, Gm. — *dasypus*, Bechst.
46	SYRNIUM	ˈALUCO, *Cuv. ex L.* *stridula*, L.
47	OTUS	ˈVULGARIS, *Flem.*
48	BRACHYOTUS	ˈÆGOLIUS, *Bp. ex Pall.* *palustris*, Smith.
49	PHASMOPTYNX	CAPENSIS ˈa. tingitanus, *Bp.*
50	BUBO	ˈMAXIMUS, *Bp. ex Sibb.* *italicus*, Br. — *europæus*, Less. a. atheniensis, *Aldrov.* b. sibiricus, *Licht.* *turcomanus*, Eversm. *cinereus*, Gr. *scandiacus!* Hartl.
51	ASCALAPHIA	ˈSAVIGNYI, *Is. Geoffr.* *B. ascalaphus*, Savign.
52	SCOPS	ˈZORCA, *Bp. ex Scop.* *ephialtes*, Sav. — *europæus*, Less.
53	ATHENE	NOCTUA, *Bp. ex Nilss.* *passerina!* Temm. an Lath? nec L. a. meridionalis, *Risso.* *indigena?* Brehm.

54 ATHENE *PERSICA, *Bp. ex Vieill.*
bactriana, Hutton
nilotica, P. Wurt.
pharaonis, v. Muller

55 NYCTEA NIVEA, *Daud.*
candida, Lath. — *erminea*, Steph.

56 SURNIA ULULA, *Dum. ex L.*
funerea, Lath. Gm.? nec L.
nisoria, Meyer

57 GLAUCIDIUM PASSERINUM, *Boie? ex L.*
S. acadica, Temm. nec Gm.
pygmæa, Bechst. — *pusilla*, Daud.

ORDO III. PASSERES.

TRIBUS I. OSCINES.

58 CORVUS *CORAX, *L.*
maximus, Scopoli
a. leucophæus, *Vieill.*
borealis albus, Br.
leucomelas, Wagl.

59 CORVUS *CORONE, *Gm. vix L.*

60 CORVUS CORNIX, *L.*

61 TRYPANOCORAX FRUGILEGUS, *Kaup, ex L.*

62 MONEDULA *TURRIUM, *Brehm.*
nigra? Br. — *collaris!* Drumm.

63 NUCIFRAGA CARYOCATACTES, *L.*
macrorhynchus, Brehm
brachyrhynchus, Brehm

64 PYRRHOCORAX ALPINUS, *Koch.*

65 FREGILUS *GRACULUS, *Cuv. ex L.*
Coracia graculus, Degl.

66 PODOCES PANDERI, *Fischer.*

67 PICA CAUDATA, *Ray.*

68 CYANOPICA COOKI, *Bp.*
Pica cyanea, Cook

69 GARRULUS GLANDARIUS, *L.*

70 GARRULUS KRYNICKI, *Kaleniez.*
melanocephalus, Schleg. nec Bon.

71 PERISOREUS INFAUSTUS, *Bp. ex L.*

72 STURNUS *VULGARIS, *L.*

73 STURNUS *UNICOLOR, *La Marmora.*

74 PASTOR *ROSEUS, *Temm. ex L.*

75 PASSER *DOMESTICUS, *Bp. ex L.*

76 PASSER *ITALIÆ, *Bp. ex Vieill.*
Fr. cisalpina, Temm.

77 PASSER *SALICICOLA, *Bp. ex Vieill.*
Fr. hispaniolensis! Temm.
sardoa, Savi

78 PYRGITA *MONTANA, *Cuv. ex L.*
campestris, Schrank

79 MYCEROBAS SPECULIGERA, *Bp. ex Brandt.*
carneipes, Gould
albispecularis, Mercatorum

80 COCCOTHRAUSTES *VULGARIS, *Br.*
europæus, Selby
atrigularis, Selby

81 FRINGILLA MONTIFRINGILLA, *L.*
a. media, *Jaubert.*
hybrida cum Fr. cœlibe

82 FRINGILLA COELEBS, *L.*

83 PETRONIA *STULTA, *Strickl. ex Gm.*
P. rupestris, Bp.

84 CHLOROSPIZA *CHLORIS, *Bp. ex L.*
Chloris flavigaster, Sw.

85 CHRYSOMITRIS SPINUS, *Boie ex L.*
Spinus viridis, Koch

86? CHRYSOMITRIS PISTACINA, *Bp. ex Eversm.*

87 CARDUELIS *ELEGANS, *Steph.*
auratus, Dyton

88? CARDUELIS ORIENTALIS, *Bp. ex Eversm.*
C. subulatus, Cab. ex Illig.

89 CITRINELLA *ALPINA, *Bp. ex Scop.*

90 SERINUS *MERIDIONALIS, *Bp.*
S. brumalis! Strickl.
islandicus, Faber

91 METOPONIA PUSILLA, *Bp. ex Pall.*
Oraegithus pusillus, Cab.
Emb. aurifrons, Blyth

92	PYRRHULA	COCCINEA, *Selys, ex Sandb.* *P major*, Brehm *a. rubicilla, *Pall.* *vulgaris minor*, Schleg
93	LOXIA	PYTIOPSITTACUS, *Bechst.*
94	LOXIA	*CURVIROSTRA, *L.* a. rubrifasciata, *Brehm.*
95	LOXIA	BIFASCIATA, *Brehm.* *tæniopterra*, Brehm
96	CORYTHUS	ENUCLEATOR, *Cuv. ex L.*
97?	URAGUS	SIBIRICUS, *Blas. ex Pall.* *Pyrrhula longicauda*, Vieill
98	CARPODACUS	RUBICILLA, *Bp. ex Guld.* *Cocc caucasicus*, Pall
99	CARPODACUS	RHODOCHLAMYS, *Bp. ex Brt.* *C sophia*, Bp et Schleg
100	CARPODACUS	ROSEUS, *Kaup, ex Pall.* *Erythr albifrons*, Brehm
101	CARPODACUS	ERYTHRINUS, *Kaup, ex Pall.* *Chlorospiza incerta*, Auct jun
102	RHODOPECHYS	PHOENICOPTERA, *Cab. ex Bp.* *Fringilla rhodoptera*, Licht *Montifringilla? sanguinea*, Gould
103	BUCANETES	*GITHAGINEUS, *Cab. ex Licht.* *P payraudæi*, Audouin
104	LEUCOSTICTE	ARCTOA, *Sw. ex Pall.* *Fr gebleri*, Brandt, 1841
105	MONTIFRINGILLA	NIVALIS, *Brehm, ex L.* *Plectrophanes fringilloides*, Boie
106	MONTIFRINGILLA	ALPICOLA, *Bp. ex Pall.* *M leucura*, Gould
107	LINOTA	*CANNABINA, *Bp. ex L.*
108?	LINOTA	BELLA, *Bp. ex Hempr.*
109	LINOTA	BREVIROSTRIS, *Bp. ex Gould.*
110	LINOTA	MONTIUM, *Bp. ex Gm.* *Fr flavirostris*, Keys et Bl nec L
111	ACANTHIS	RUFESCENS, *Schleg. ex Vieill.* *Fr linaria*, Temm 1835
112	ACANTHIS	LINARIA, *Bp. ex L.* *Fr borealis?* Vieill nec Temm
113?	ACANTHIS	GROENLANDICA, *Bp.*

114	ACANTHIS	HOLBÖLLI, *Brehm.* *Linaria borealis*, Schleg nec Auct
115	ACANTHIS	CANESCENS, *Schleg. ex Gould.* *Fr borealis*, Temm nec Vieill
116	CYNCHRAMUS	*MILIARIA, *Bp. ex L.* *Emb caspia*, Menetr
117	PLECTROPHANES	NIVALIS, *Mey. ex L.*
118	CENTROPHANES	LAPPONICA, *Kaup, ex L.* *Emb calcarata*, Temm ex Pall
119	EMBERIZA	*CITRINELLA, *L.*
120	EMBERIZA	*CIRLUS, *L.*
121	EMBERIZA	*CIA, *L.*
122	EMBERIZA	CIOIDES, *Brandt.* *cia*, Pall nec L
123	EMBERIZA	PITYORNIS, *Pall.* *leucocephala* et *dalmatica*, Gm *albida*, Blyth *sclavonica*, Degl ex Br *bonapartii*, Barthelemy
124	EMBERIZA	CHRYSOPHRYS, *Pall.*
125	BUSCARLA	PROVINCIALIS, *Bp. ex Gm.* *Emb durazzi*, Bp
126	BUSCARLA	LESBIA, *Bp. ex Gm.* *Emb durazzi*, p Bp
127	BUSCARLA	PUSILLA, *Bp. ex Pall.*
128	SCHÆNICOLA	ARUNDINACEA, *Bp. ex Gm.* a. intermedia, *Michah.*
129	SCHÆNICOLA	PYRRHULOIDES, *Bp. ex Pall.* *palustris*, Savi
130	HORTULANUS	*CHLOROCEPHALUS, *Bp. ex G.* *Glycyspina hortulana*, Cab
131	HORTULANUS	*CÆSIUS, *Bp. ex Cretszchm.* *Emberiza rufibarba*, Hempr *Glycyspina cæsia*, Cab
132	FRINGILLARIA	*STRIOLATA, *Gr. ex Licht.* *Polymitra striolata*, Caban
133	HYPOCENTOR	RUSTICUS, *Cab. ex Pall.* *Emb lesbia!* Calvi *borealis*, Zetterst
134	HYPOCENTOR	AUREOLA, *Cab. ex Pall.* *Emb selysii*, Verany
135	HYPOCENTOR	DOLYCHONIUS, *Bp.* *Emberiza oryzivora?* Schinz

136	GRANATIVORA	MELANOCEPHALA, *Bp. ex Sc.*
137	OREOCINCLA	AUREA, *Bp. ex Hollandre.* *Turdus aureus*, Hollandre *T varius*, Pall nec Auct *T whitu*, Eyton *T squammatus*, Boie
138	OREOCINCLA	HEINI, *Caban.* *T whitu*, Schleg *Or ex Japon*, Jaubert
139	TURDUS	VISCIVORUS, *L.* *Ixocossyphus viscivorus*, Kaup
140	TURDUS	PILARIS, *L.* *Arceuthornis pilaris*, Kaup
141	TURDUS	*MUSICUS, *L.*
142	TURDUS	*ILIACUS, *L.* *ilias*, Gesner a. illuminus, *Naum.*
143	TURDUS	SOLITARIUS, *Wils. nec Gm.* *minor*, Gambel, nec Bp
144	TURDUS	MINOR, *Bp. ex Gm.* *Merula olivacea*, Brewer *Turdus swainsoni* ! Caban
145	TURDUS	WILSONI, *Bp.* *minor*, Homeyer, nec Bp *mustelinus*, Wils nec Gm
146	PLANESTICUS	OLIVACEUS, *Bp. ex L.* *T migratorius? ex Eur* Auct
147	PLANESTICUS	OBSCURUS, *Bp. ex Gm.* *T pallidus*, Temm nec Gm *pallens*, Pall *werneri*, Gené *seyffertitzi*, Brehm
148	PLANESTICUS	RUFICOLLIS *Bp. ex Pall.* *T erythrurus*, Hodgs
149	PLANESTICUS	ATRIGULARIS *Bp. ex Natter.* *T dubius*, Schleg ex Bechst *bechsteini*, Naum
150	CYCHLOSELYS?	DUBIUS, *Bp. ex Bechst.* *T Naumanni*, Natter *T ruficollis*, Glog
151	CYCHLOSELYS?	FUSCATUS, *Bp. ex Pall.* *T eunomus*, Temm *T naumanni*, Schleg
152	CYCHLOSELYS	SIBIRICUS, *Bp. ex Gm.* *T leucocillus*, Pall *atro-cyaneus*, Homey *auroreus*, Pall *fœm*
153	MERULA	*TORQUATA, *Gesner.* *T torquatus*, L
154	MERULA	*VULGARIS, *Ray.* *T merula*, L
155	PETROCOSSYPHUS	*CYANEUS, *Bp. ex L.* *T solitarius*, Hass a. azureus, *Lebrum.* *hybridus* cum M saxatil
156	MONTICOLA	*SAXATILIS, *Bp. ex L.* *T infaustus*, Lath *Petrocincla saxatilis*, Vig
157	DROMOLÆA	*LEUCURA, *Bp. ex Gm.* *Saxicola cachinnans*, Temm
158	SAXICOLA	*ŒNANTHE *Bechst ex L.* *Mot vitiflora*, Pall *Œnanthe cinerea*, Vieill a. squalida, *Eversm.* b. saltator, *Ménétr.* *stapazina*, Pall
159	SAXICOLA	*STAPAZINA, *Koch, ex Vieill.* *Vitiflora rufescens*, Br *a. albicollis, *Vieill.* (Vitiflora) *Sax aurita*, Temm
160	SAXICOLA	*LEUCOMELA, *Pall.*
161	SAXICOLA	LUGENS, Licht.
162	PRATICOLA	*RUBETRA, *Koch, ex L.*
163	PRATICOLA	*RUBICOLA, *Koch, ex L.*
164	CHÆMORRHOUS	ERYTHROGASTER, *Bp. ex G.* *aurorea*, Licht nec Pall *Motacilla, aur var ceraunia*, Pall *tricolor et grandis*, Gould
165	RUTICILLA	ERYTHRONOTA, *Gr. ex Eversm.*
166	RUTICILLA	*PHŒNICURA, *Bp. ex L.*
167	RUTICILLA	*TITHYS, *Scopoli.* *cairii*, Gerbe *R erythaca*, Bp ex L *Mot gibraltariensis et atrata*, Gm.
168	CYANECULA	*SUECICA, *Brehm, ex L.* *cyanecula*, Meyer *wolfi*, Brehm
169?	CYANECULA	CYANE, *Bp. ex Eversm.* *Mot cærulecula?* Pall
170	RUBECULA	*FAMILIARIS, *Blyth.* *Erithacus rubecula*, Cuv *Dandalus rubecula*, Boie, ex L
171	CALLIOPE	CAMTSCHATSCHENSIS, *Str. ex Gm.* *C lathami*, Gould, ex Pall
172	PHILOMELA	*LUSCINIA, *Brehm, ex L.*
173	PHILOMELA	*MAJOR, *Brehm.* *Sylvia philomela*, Bechst *Motacilla ædon*, Pall
174	ADOPHONEUS	NISORIUS, *Kaup, ex Bechst.* *Nisoria undata*, Bp

175 CURRUCA ATRICAPILLA, *Br.*
Mot. atricapilla, L.
moschita, Gm. *fœm.*
Sylvia rubricapilla, Landb.
S. naumanni? v. Müll.

176 CURRUCA *RUPPELLI, *Bp. ex Temm.*
S. capistrata, Rupp.

177 CURRUCA *HORTENSIS, *Penn.*

178 CURRUCA *ORPHEA, *Boie ex Temm.*

179 SYLVIA *CURRUCA, *Lath.*
Mot. sylvia, Pall.
S. sylviella? Lath.
S. guttata? Landb.

180 SYLVIA CINEREA, *Bp. ex Br.*
Mot. sylvia, L.
S. fruticeti, Vieill.

181 STOPAROLA *CONSPICILLATA, *Bp. ex La Mar.*

182 STOPAROLA *SUBALPINA, *Bp. ex Bonelli.*
S. leucopogon, Meyer.
passerina, Temm. nec L.
mystacea, Ménétr.

183 PYROPHTHALMA *MELANOCEPHALA, *B. ex G.*
S. ruscicola, Vieill.

184 PYROPHTHALMA *SARDA, *Bp. ex La Marm.*
Sylvia sarda, La Marmora.

185 MELIZOPHILUS *PROVINCIALIS, *Leach, ex G.*
Sylvia dartfordiensis, Lath.
ferruginea, Vieill.
undata, Br.

186 PHYLLOPNEUSTE EVERSMANNI, *Bp.*
Sylvia icterina, Eversm nec Vieill.

187 PHYLLOPNEUSTE *SIBILATRIX, *Bp. ex Bech.*
Sylvia sylvicola, Lath.

188 PHYLLOPNEUSTE *TROCHILUS, *Meyer, ex L.*

189 PHYLLOPNEUSTE *RUFA, *Bp. ex Lath.*
Sylvia hypolais ! Penn.
abietina, Nils.

190 PHYLLOPNEUSTE BONELLII, *Bp. ex Vieill.*
Sylvia nattereri, Temm.

191 REGULOIDES PROREGULUS, *Blyth.*
Regulus ! modestus, Gould.
Phyllobasileus proregulus, Cab.

192 CALAMOHERPE *TURDOIDES, *Bp. ex Boie.*
Turdus arundinaceus, L.
Sal. turdina, Schleg.
a. magnirostris, *Liljeborg.*
b. media, *Malm, ex Norvegia.*

193 CALAMOHERPE ARUNDINACEA, *Bp. ex Gm.*
Sylvia strepera, Vieill.
palustris ! Crespon.
a. obscurocapilla, *Dubois.*
pinetorum, Brehm.
horticola, Naum.
nigrifrons? Bechst.

194 CALAMOHERPE PALUSTRIS, *Bp. ex Bechst.*
pratensis, Jaubert.

195 CALAMODYTA *PHRAGMITIS, *Bp. ex Bechst.*
Mot. schœnobænus, L. nec Scopoli.

196 CALAMODYTA *AQUATICA, *Bp. ex. Lath.*
Mot. schœnobænus, Scop. nec L.
S. cariceti, Naum.

197 CALAMODYTA MELANOPOGON, *Bp. ex Temm.*
Sylvia fuscicapilla, Bonelli.
S. bonellii, Naum.
S. fuscescens? Vieill.

198 LUSCINIOLA SAVII, *Bp. ex Vieill.*
Sylvia luscinioides, Savi.
Cettia savii, Degl.

199 LUSCINIOPSIS *FLUVIATILIS, *Bp. ex Meyer.*
Acrocephalus stagnatilis, Naum.

200 CETTIA *SERICEA, *Bp. ex Natter.*
S. platura, Vieill.
Cettia altisonans, Bp.

201 CHLOROPETA *OLIVETORUM, *Bp. ex Strickl.*
Hypolais olivetorum, Selys.

202 CHLOROPETA *ELÆICA, *Bp. ex Linderm.*
Ficedula ambigua, Schleg.
Hyp. ambigua, Degland.
preglii, Fraunfeld.

203? CHLOROPETA *PALLIDA, *Bp. ex Ehr.*
Hypolais pallida, Gerbe.
H. cinerascens, Selys.

204 HYPOLAIS SALICARIA, *Bp. ex L.*
Mot. hypolais, L.
S. ambigua, Durazzo.
S. palustris, Roux.
Sal. italica, De Fil.
S. icterina, Gerbe.

205 HYPOLAIS *POLYGLOTTA, *Bp. ex Vieill.*
Sylvia polyglotta, Vieill.
S. hypolais, Gerbe.

206 HYPOLAIS? ICTERINA, *Bp. an Vieillot?*

207 IDUNA CALIGATA, *Blas. ex Licht.*
Motacilla salicaria, Pallas, nec L.
scita, Eversm.

208 LOCUSTELLA NÆVIA, *Bp. ex Bodd.*
L. rayi, Gould.
Acrocephalus fluviatilis ! Naum.

209? LOCUSTELLA LANCEOLATA, *Bp. ex Temm.*
Cisticola lanceolata, Degland.

210 ÆDON GALACTODES, *Boie, ex Temm.*
Sylvia familiaris, Ménétr.

211 CISTICOLA SCHŒNICOLA, *Bp.*
Sylvia cisticola, Temm.

212	ACCENTOR	ALPINUS. *Bechst. ex Gm.* *Sturnus collaris*, Scopoli. *Turdus minor!* Baldacconi.	234	MECISTURA	CAUDATA, *Gr. ex L.* *vagans*, Leach.
213	PRUNELLA	MODULARIS, *Vieill. ex L.* *Curruca sepiaria*, Br.	235	PANURUS	BIARMICUS, *Koch, ex L.*
214	PRUNELLA	MONTANELLA, *Bp. ex Pall.* *Acc. montanellus*, Temm. *Acc. temmincki*, Brandt.	236	ÆGITHALUS	PENDULINUS, *Vig. ex L.*
215	PRUNELLA	ALTAICA, *Bp. ex Brandt.*	237	REGULUS	*CRISTATUS, *Ray.*
216	IXOS	*BARBATUS *Bp. ex Desf.* *Turdus obscurus*, Temm. *Hæmatornis lugubris*, Less.	238	REGULUS	*IGNICAPILLUS, *Brehm.*
217?	PICNONOTUS	AURIGASTER, *Gr. ex Vieill.*	239	CINCLUS	AQUATICUS, *Bechst.* a. melanogaster, *Temm.* *C. aquaticus var.* Auct.
218	TROGLODYTES	EUROPÆUS, *Cuv.*	240	CINCLUS	LEUCOGASTER, *Eversm.*
219	CERTHIA	FAMILIARIS, *L.* *nattereri*, Bp. *costæ*, Bailly.	241	MOTACILLA	*ALBA, *L.* *cinerea*, Bodd. a. yarrelli, *Gould.* *alba*, Anglor. *lugubris*, Temm. nec Auct.
220	CERTHIA	BRACHYDACTYLA, *Natter.*	242	PALLENURA	*SULPHUREA, *Bp. ex Bechst.* *flava*, Br. *boarula*, Penn. nec L. *Motacilla sulphurea*, Bechst. *melanope*, Pall. *Calobates sulphurea*, Kaup.
221	TICHODROMA	MURARIA, *Bp. ex L.* *T. phœnicoptera*, Temm.			
222	SITTA	EUROPÆA, *L.* a. uralensis, *Licht.* *asiatica*, Temm. *sibirica?* Pall. *b. cæsia, *Meyer.* *europæa*, Temm. c. affinis, *Blyth.*	243	BUDYTES	FLAVA, *L.* *boarula*, L. *verna*, Br. *flaveola*, Pall. *neglecta*, Gould. a. rayi, *Bp.* *flava*, Ray. *flaveola*, Temm. nec Pall. b. cinereocapilla, *Savi.* c. feldeggi, *Michahelles.* *dalmatica*, Bruch. d. nigricapilla, *Sundev.* *melanocephala*, Savi, nec Licht.
223	SITTA	SYRIACA, *Ehrenb.* *rupestris*, Cantr. *neumayeri*, Michahell.			
224	LOPHOPHANES	CRISTATUS, *Kaup. ex L.*			
225	CYANISTES	COERULEUS, *Kaup, ex L.*	244	BUDYTES	CITREOLA, *Bp. ex Pall.*
226	CYANISTES	CYANEUS, *Kaup, ex Pall.*	245	CORYDALLA	*RICHARDI, *Sw. ex Vieill.*
227	PARUS	MAJOR, *L.* *fringillago*, Pall.	246	AGRODROMA	*CAMPESTRIS, *Sw. ex Br.* *Anthus rufescens*, Temm.
228	PARUS	ATER, *L.* *carbonarius*, Pall *Pœcile! ater*, Kaup.	247	ANTHUS	*SPINOLETTA, *Bp. ex L.* *A. aquaticus*, Bechst.
229	PŒCILE	SIBIRICA, *Kaup, ex Gm.*	248	ANTHUS	OBSCURUS, *Bp. ex Gm.* *A. immutabilis*, Degland.
230	PŒCILE	LUGUBRIS, *Kaup, ex Natt.* *Penthestes lugubris*, Reich.	249	ANTHUS	*PRATENSIS, *Bechst ex L.* *Alauda trivialis?* L. *Parus stromei*, Lath. *P. ignotus*, Gm. *Megistina! ignota*, Vieill. *A. tristis*, Baill. *melan.* *a. cervina, *Pall.* *rufigularis*, Brehm.
231	PŒCILE	FRUTICETI, *Bp. ex Wallengr.* *Parus palustris*, Temm.			
232	PŒCILE	PALUSTRIS, *Bp. ex L.* *Parus borealis*, Selys. *lugubris! hinc alpestris*, Bailly.			
233	PŒCILE	FRIGORIS, *Bp. ex Selys.* *atricapillus?* L.	250	DENDRONANTHUS	*ARBOREUS, *Blyth.* *Anthus arboreus*, Bechst. *Pipastes arboreus*, Kaup.

251 OTOCORIS *ALPESTRIS, *Bp. ex L.*
A nivalis, Pall

252 OTOCORIS ALBIGULA, *Brandt.*
a. scriba, *Bp.*
penicillata, Gould

253 CALANDRELLA *BRACHYDACTYLA, *Temm.*
moreotica? Il Prev nec v d Muhle

254 ANNOMANES ISABELLINA, *Temm.*
lusitanica, Degland

255 ANNOMANES *DESERTI, *Cab. ex Licht.*

256 ALAUDA *ARVENSIS, *L.*

257 ALAUDA CANTARELLA, *Bp.*

258 ALAUDA *ARBOREA, *Bp. ex L.*
nemorosa, Gm
kollyi! Temm monstr

259 MELANOCORYPHA *CALANDRA, *Boie, ex L.*

260 MELANOCORYPHA TATARICA, *Boie, ex Pall.*

261 MELANOCORYPHA LEUCOPTERA, *Boie, ex P.*

262 GALERIDA *CRISTATA, *Boie, ex L.*

263 CERTHILAUDA *DUPONTI, *Bp. ex Vieill,*
ferruginea, v d Muhle

264 CERTHILAUDA *DESERTORUM, *Bp. ex Stanl.*
bifasciata, Licht
Upupa alaudipes, Desfont

265 TELEPHONUS *TSCHAGRA, *Bp. ex Boie.*
L cucullatus, Temm
T erythropterus, Sw

266 LANIUS EXCUBITOR, *L.*
major, Pall

267 LANIUS MERIDIONALIS, *Temm.*

268 LANIUS MINOR, *Gm.*
vigil, Pall,
italicus, Lath

269 OTOMELA PHŒNICURA, *Bp. ex Gm.*

270 LEUCOMETOPON *NUBICUM, *Bp. ex Licht.*
Lanius personatus, Temm

271 ENNEOCTONUS COLLURIO, *Bp. ex L.*
L æruginosus, Klein
spinitorques, Bechst

272 ENNEOCTONUS *RUFUS, *Bp. ex Br.*
Lanius ruficeps, Bechst,
L castaneus, Risso

273 ORIOLUS *GALBULA, *L.*

274 AMPELIS *GARRULUS, *L.*
Bombycilla bohemica, Gr
B poliocephala, Meyer

275 MUSCICAPA *ATRICAPILLA, *L.*
ficedula, Gm
luctuosa, Temm ex Scopol

276 MUSCICAPA *COLLARIS, *Bechst.*
albicollis, Temm

277 BUTALIS GRISOLA, *Boie, ex L.*

278 ERYTHROSTERNA PARVA, *Bp. ex Bechst.*
Musc erythaca et *rubecula*, Sw.

279 HIRUNDO *RUSTICA, *L.*
domestica, Pall
a. pagorum, *Brehm.*

280 HIRUNDO CAHIRICA, *Licht.*
savignyi, Leach
boissonnæi, Temm

281 CECROPIS RUFULA, *Bp. ex Temm.*
daurica, Savi
alpestris, Blasius

282 PTYONOPROGNE RUPESTRIS, *Cab. ex Scop.*
Hir rupestris et *montana*, Gm

283 COTYLE *RIPARIA, *Boie, ex L.*

284 CHELIDON *URBICA, *Boie, ex L.*
Hir lagopoda, Pall

TRIBUS II VOLUCRES

SERIES I ZYGODACTYLI.

285 OXYLOPHUS *GLANDARIUS, *Bp. ex L.*
C andalusiæ, Br
pisanus, Gm
macrourus, Brehm

286 CUCULUS *CANORUS, *L.*
borealis, Pall
hepaticus et *rufus*, Auct

287 DRYOCOPUS MARTIUS, *Boie, ex L.*
Picus martius, L
Dryopicos martius, Malherbe

288 PICUS MAJOR, *L.*
cissa, Pall

No.	Genus	Species
289	PICUS	LEUCONOTUS, *Bechst.* *cirris*, Pall.
290?	PICUS	URALENSIS, *Malh.*
291	PICUS	MEDIUS, *L.* *cynædus*, Pall.
292	PICUS	MINOR, *L.* *P. pipra*, Pall. *P. striolatus*, Meyer.
293	APTERNUS	TRIDACTYLUS, *Sw. ex L.* *Picoides europæus*, Less. *P. chrysolæmos*, Brandt.
294	GECINUS	VIRIDIS, *Boie, ex L.* *Chloropicos viridis*, Malh.
295	GECINUS	CANUS, *Boie, ex Gm.* *P. norwegicus*, Lath.—*chloris*, Pall. *viridi-canus*, Meyer. *caniceps*, Nilss.
296	YUNX	TORQUILLA, *L.*

SERIES II. ANISODACTYLI.

No.	Genus	Species
297	CORACIAS	*GARRULA, *L.* *Galgulus garrulus*, Vieill.
298	MEROPS	*APIASTER, *L.* *congener*, L.—*chrysocephalus*, Gm.
299	MEROPS	*ÆGYPTIUS, *Forskal.* *persicus*, Pall.—*superciliosus*, Rupp. *Blepharomerops ægyptius*, Reich. a. savignyi, *Sw. B. Afr. nec. Ill.*
300	CERYLE	*RUDIS, *Boie, ex L.* *varia*, Strickl. *bicincta et bitorquata*, Sw.
301	ALCEDO	*ISPIDA, *L.*
302	HALCYON	SMYRNENSIS, *Bp. ex L.*
303	UPUPA	*EPOPS, *L.* *vulgaris*, Pall.
304	CYPSELUS	*MELBA, *Ill. ex L.* *C. alpinus*, Scop.
305	CYPSELUS	*APUS, *Ill. ex L.* *C. murarius*, Temm.
306	CAPRIMULGUS	*EUROPÆUS, *L.* *vulgaris*, Vieill.
307	CAPRIMULGUS	*RUFICOLLIS, *Natter.* *rufitorques*, Vieill.

ORDO V. COLUMBÆ.

No.	Genus	Species
308	PALUMBUS	*TORQUATUS, *Leach.* *Columba palumbus*, L.
309	COLUMBA	*LIVIA, *Br.*
310	COLUMBA	*TURRICOLA, *Bp.*
311	PALUMBÆNA	COLUMBELLA, *Bp.* *Columba œnas*, L.
312	TURTUR	RUPICOLA, *Bp. ex Pall.* *C. gelastes*, Temm.— *ferrago*, Eversm.
313	TURTUR	*AURITUS, *Ray.* *Col. turtur*, L.
314	TURTUR	*SENEGALENSIS, *Bp. ex L.* *Col. ægyptiaca*, Lath.

ORDO VI. HERODIONES.

TRIBUS I. GRUES.

No.	Genus	Species
315	GRUS	*CINEREA, *Bechst.* *vulgaris*, Pall.
316	ANTIGONE	LEUCOGERANOS, *Reich. ex Pall.* *Leucogeranus giganteus*, Bp. ex Gm.
317	ANTIGONE	TORQUATA, *Bp. ex Vieill.* *Grus antigone*, L.
318	ANTHROPOIDES	*VIRGO, *Vieill. ex L.*
319	BALEARICA	*PAVONINA, *Vig. ex Br.* *Ardea Pavonina*, L.

TRIBUS II. CICONIÆ.

320 CICONIA *ALBA, *Belon.*

321 MELANOPELARGUS NIGER, *Reich. ex Belon.*
Ardea nigra, L. — *Ciconia fusca*, Br.

322 ARDEA *CINEREA, *L.*
major, Gm.

323 ARDEA *ATRICOLLIS, *Wagl.*
melanocephala, Children.

324 ARDEA *PURPUREA, *L.*
caspica, Gm.

325 EGRETTA *ALBA, *Bp. ex L.*
Ardea candida, Br.

326 EGRETTA EGRETTOIDES, *Bp. ex Temm.*
intermedia, Schleg.

327 EGRETTA MELANORHYNCHA, *Hartl. ex W.*
nivea, Bp. — *A. egretta*, Rüpp.
Erodius victoriæ, hinc.
Egr. nigrirostris, Macg.

328 GARZETTA *EGRETTA, *Bp. ex Br.*
Ardea garzetta, L.

329 BUBULCUS *IBIS, *Bp. ex Hasselq.*
Ardea veranyi, Roux.
Buphus bubulcus, Bp. 1850.

330 BUPHUS *COMATUS, *Bp. ex Pall.*
Ardea ralloides, Scopoli.

331 ARDEIRALLA *GUTTURALIS, *Bp. ex Smith.*
A. sturmi, Wagl. — *plumbea?* Sw.

332 ARDEOLA *MINUTA, *Bp. ex L.*

333 BOTAURUS *STELLARIS, *Boie, ex L.*

334 BOTAURUS LENTIGINOSUS, *Steph. ex Mont.*
B. minor, Wils. ex Gm.
B. mokoho, Wagl.
adspersus, Ill.

335 NYCTICORAX *GRISEUS, *Strickl. ex L.*
europæus, Steph.

TRIBUS III. HYGROBATÆ.

336 PHÆNICOPTERUS *ROSEUS, *Pall.*
Ph. antiquorum, Temm.

337 PHÆNICOPTERUS *ERYTHRÆUS, *Verr.*

338 PLATALEA *LEUCORODIA, *L.*
Pl. nivea, Cuv.

339 IBIS *RELIGIOSA, *Savigny.*
Tantalus æthiopicus? Lath.
Numenius ibis, Pall.

340 FALCINELLUS *IGNEUS, *Bechst. ex Gm.*
Ibis falcinellus, L.
Plegadis falcinellus, Kaup.

ORDO VII. GAVIÆ.

TRIBUS I. TOTIPALMÆ.

341 PELECANUS *CRISPUS, *Bruch.*
P. onocrotalus, Pall. nec L.

342 PELECANUS *ONOCROTALUS, *L.*
roseus, Eversm.
a. minor, *Rüpp.*

343 SULA BASSANA, *Br.*
Pelecanus bassanus, Gm. *adult.*
P. maculatus, Gm. *jus.*
Sula alba, Meyer.

344? SULA LEFEVRII, *Baldamus.*
melanura ex Eur. Auct.

345 TACHYPETES AQUILUS, *Ill. ex L.*
Pel. leucocephalus, Lath.
Pel. palmerstoni, Lath.

346 PHALACROCORAX *CARBO, *Dumont, ex L.*
Carbo cormoranus, Meyer.
major, Temm.
crassirostris, Baill.
a. medius *Nilss.*
brachyrhynchus, Licht.

347 GRACULUS *CRISTATUS, *Bp. ex Faber.*
Pel. graculus, L.
Carbo cristatus, Temm.
*a. desmaresti, *Payraudeau.*

348 MICROCARBO *PYGMÆUS, *Bp. ex Pall.*
Haliæus pygmæus, Ill.
Carbo pygmæus, Temm.

349? PHAETON ÆTHEREUS, *L.*

TRIBUS II. LONGIPENNES.

350 DIOMEDEA EXULANS, *L.*

351 DIOMEDEA CHLORORHYNCHA, *Gm.*

352 FULMARUS GLACIALIS, *Leach, ex L.*

353 DAPTION CAPENSIS, *Steph. ex L.*

354 ÆSTRELATA DIABOLICA, *Bp. ex l'Herm.*
Proc. hæsitata, Kuhl, nec Forst.
leucocephala, Forst.
vagabunda, Sol.— *lessoni*, Gould.

355 BULWERIA COLUMBINA, *Bp. ex Moquin.*
Proc. anjinho, Heineken.

356 THALASSIDROMA LEACHI, *Vig. ex Temm.*
Proc. bullocki, Selby.

357 PROCELLARIA *PELAGICA, *L.*
Th. melitensis, Schembri.

358 OCEANITES WILSONI, *Bp.*
Pr. oceanica, Kuhl.—*pelagica*, Wils.

359 PUFFINUS *MAJOR, *Faber.*

360 PUFFINUS ARCTICUS, *Faber.*
cinereus? Steph.
*a. kuhli, *Boie.*
Nectris macrorhyncha, Heuglin.

361 PUFFINUS ANGLORUM, *Ray.*

362 PUFFINUS *OBSCURUS, *Steph. ex Gm.*
a. yelcouan, *Acerbi.*

363 PUFFINUS BAROLII, *Bonelli.*

364 PUFFINUS FULIGINOSUS, *Strickl.*

365 MEGALESTRIS CATARRHACTES, *Bp. ex L.*
Catarracta skua, Brunn.

366 COPROTHERES POMARINUS, *Reich. ex T.*

367 LESTRIS PARASITICUS, *Ill. ex L.*
richardsoni, Sw.
cepphus, Degland.

368 LESTRIS CEPHUS, *Blasius, ex Brunn.*
buffoni, Boie.—*parasiticus*, Sw.
longicaudus adult. et *lessoni*, jun. Degl.

369 DOMINICANUS *MARINUS, *Bruch, ex L.*

370 DOMINICANUS FRITZII, *Bruch.*

371 LEUCUS GLAUCUS, *Bp. ex Brunn.*
Larus glaucus, Temm.
L. leucopterus, Vieill.
L. glacialis, Macgill. nec Benick.
L. islandicus, Edmonston, ant.
a. minor, *Brehm.*
medius! Brehm.

372 LEUCUS LEUCOPTERUS, *Bp. ex Fab, nec V.*
arcticus, Macgill.
glaucoides, Temm.
islandicus, Edmonst. post. et Auct.

373 LEUCUS GLACIALIS, *Bp. ex Benik. nec Macg.*
Laroides glacialis, Bruch.

374 LAROIDES *ARGENTATUS, *Brehm, ex Brunn.*
major et *argenteus*, Brehm.

375 LAROIDES ARGENTACEUS, *Brehm.*
Larus argentatoides ex Eur. Auct.

376 LAROIDES LEUCOPHÆUS, *Bp. ex Licht.*
Larus epargyrus, Licht. *jun.*
Laroides argentatoides? Brehm, nec Auct.

377 LAROIDES MICHAHELLESII, *Bruch.*

378 CLUPEILARUS *FUSCUS, *Bp. ex L.*
Larus flavipes, Meyer.

379 CLUPEILARUS? CACHINNANS, *Bp. ex Pall.*

380 GAVINA *AUDOUINI, *Bp. ex Payr.*

381 LARUS *CANUS, *L.*
L. heinii, Homeyer.
L. lacrymosus, Brehm, nec Licht.

382 LARUS HYBERNUS, *Gm.*
L. canus, Auct.
L. cyanopus, Meyer.

383 RISSA *TRIDACTYLA, *Leach, ex L.*

384 RISSA NIVEA, *Pall.*
brachyrhyncha, Gould.

385 GELASTES *LAMBRUSCHINII, *Bp.*
L. gelastes, Licht.
rubriventris? Vieill.
a. columbinus, *Golowatsch.*

386 PAGOPHILA EBURNEA, *Boie, ex Gm.*
L. candidus, Faber.—*niveus*, Montag.

387 PAGOPHILA NIVEA, *Brehm.*
brachytarsa, Holböll.

388 RHODOSTHETIA ROSSI, *Bp. ex Sabin.*
Rh. rosea, Macgill.
Rossia rosea, Bp.

389 ADELARUS LEUCOPHTHALMUS, *Bp. ex Rüpp.*

390 ICHTHYÆTUS PALLASII, *Kaup.*
Larus ichthyætus, Pall.

391 ATRICILLA *CATESBÆI, *Bp.*
Larus atricilla, L.
L. ridibundus, Wills.
L. plumbiceps, Meyer.

No.	Genus	Species
392	GAVIA	*MELANOCEPHALA, *Bp. ex Natt.*
393	GAVIA	*RIDIBUNDA, *Bp. ex L.* *a. capistrata, *Temm.* *Xema capistrata*, Boie.
394	CHROICOCEPHALUS	BONAPARTII, *Eyton.* *Larus minutus*, Sabine. *L. capistratus*, Bp. *L. bonapartii*, Sw. *Xema bonapartii*, Bp.
395	HYDROCOLÆUS	MINUTUS, *Kaup, ex Pall.* *L. nigrotis*, Less.
396	XEMA	SABINII, *Leach.* *Larus collaris*, Sabine
397	SYLOCHELIDON	*CASPIA, *Brehm, ex Pall.* *St. megarhyncha*, Meyer. *Hydroprogne caspica*, Kaup.
398	HALIPLANA	FULIGINOSA, *Wagl. ex Gm.*
399	GELOCHELIDON	ANGLICA, *Brehm, ex Mont.* *a. meridionalis, *Brehm.* *aranea*, Savi, nec Wils.
400	THALASSEUS	*CANTIACUS, *Boie.* *St. boysii*, Lath. *St. canescens*, Mey.
401	THALASSEUS	*AFFINIS, *Bp. ex Rupp.* *St. media*, Horsf. — *arabica*, Ehrenb.
402	THALASSEUS?	VELOX, *Bp. ex Rupp.*
403	STERNA	PARADISEA, *Brunn.* *dougalli*, Montag.
404	STERNA	HIRUNDO, *L.* *arctica*, Temm. — *macroura*, Naum.
405	STERNA	*FLUVIATILIS, *Naum. nec Gould.* *St. hirundo*, Temm.
406?	STERNA	NITZSCHI, *Kaup.* *brachytarsa*, Graba.
407	STERNULA	*MINUTA, *Boie, ex L.* *St. parva*, Penn. — *metopoleuca*, Gm.
408	HYDROCHELIDON	*FISSIPES, *Boie, ex L.* *nigra* et *nævia*, Br.—*nigra*, Temm.
409	HYDROCHELIDON	*NIGRA, *Bp. ex L.* *nævia*, L. *jun.*—*leucoptera*, Temm.
410	HYDROCHELIDON	HYBRIDA, *Bp. ex Pall.* *leucopareia*, Natter.
411	ANOUS	STOLIDUS, *Leach, ex L.* *Gavia fusca*, Br. *Anous niger*, Steph.

TRIBUS III. URINATORES.

No.	Genus	Species
412	PINGUINUS	IMPENNIS, *Bonn. ex L.* *Alca major*, Br.
413	ALCA	*TORDA, *L.* *pica*, L. *minor*, Br. — *unisulcata*, Brunn.
414	MORMON	ARCTICA, *Ill. ex L.* *fratercula*, Temm.
415	MORMON	GLACIALIS, *Leach.*
416?	MORMON	CORNICULATA, *Kittl.* *glacialis*, Audub.
417	URIA	TROILE, *L.* *lomvia*, Brunn. a. minor, *Gm.*
418	URIA	RHINGVIA, *Brunn.* *lacrymans*, La Pylaie.
419	URIA	ARRA, *Pall.* *troile?* Brunn. *brunnichi*, Sabine—*francsii*, Leach.
420?	URIA	UNICOLOR, *Benicken.*
421	CEPHUS	GRYLLE, *Bp. ex L.* *columba*, Pall. *Uria groenlandica*, Gr.
422	CEPHUS	MANDTII, *Bp. ex Licht.*
423	MERGULUS	ALLE, *Bp. ex L.* *melanoleucus*, Ray.—*Uria minor*, Br.
424	COLYMBUS	GLACIALIS, *L.*
425	COLYMBUS	ARCTICUS, *L.* a. minor, *Bp.* *balthicus*, Horusch.
426	COLYMBUS	*SEPTENTRIONALIS, *L.*
427	PODICEPS	*CRISTATUS, *Lath. ex L.*
428	PODICEPS	LONGIROSTRIS, *Bp.*
429	PODICEPS	HOLBÖLLI, *Reinh.* *P. rubricollis*, Audubon.
430	PODICEPS	*SUBCRISTATUS, *Jacquin.* *P. rubricollis*, Lath.

No.	Genus	Species
431	PODICEPS	AURITUS, *L.* *arcticus*, Boie.
432	PODICEPS	*SCLAVUS, *Bp.* *cornutus*, Temm.
433	PODICEPS	*NIGRICOLLIS, *Sundev.* *auritus*, Temm. nec L. *recurvirostris*, Brehm.
434	TACHYBAPTUS	*MINOR, *Reich. ex L.* *C. fluviatilis*, Br. — *hebridicus*, L.

SUBCLASSIS II. PRÆCOCES.

ORDO IX. GALLINÆ.

No.	Genus	Species
435	PHASIANUS	COLCHICUS, *L.*
436	PTEROCLES	*ARENARIUS, *Temm. ex Pall.* *Perdix aragonica*, Lath.
437	PTEROCLURUS	*ALCHATA, *Steph. ex L.* *setarius*, Temm. *fasciatus*, Desfont.
438?	SYRRHAPTES	PARADOXUS, *Ill.* *pallasii*, Temm.—*heteroclitus*, Vieill.
439	TETRAO	UROGALLUS, *L.* *major*, Br. a. hybridus *cum Lyr. tetric.* *medius*, Leisler. b. hybridus *cum Lagop. albo.* *urogalloides*, Nilss.
440	LYRURUS	TETRIX, *Sw. ex L.*
441	BONASIA	BETULINA, *Bp. ex Scopol.* *cana?* Gm. — *sylvestris*, Brehm. *europæa*, Gould.
442	LAGOPUS	SCOTICUS, *Vieill. ex Lath.* *Bonasa scotica*. Br,
443	LAGOPPUS	ALBUS, *Bp. ex L.* *subalpinus*, Nilss. *saliceti*, Temm. *brachydactylus*, Temm.
444	LAGOPUS	ISLANDORUM, *Faber.*
445	LAGOPUS	MUTUS, *Leach.* *Tetrao lagopus*, L. *alpinus*, Nilss. — *vulgaris*, Vieill.
446?	LAGOPUS	REINHARDTI, *Brehm.*
447	TETRAOGALLUS	CASPIUS, *Bp. ex Gm.* *caucasicus*, Pall. — *nigelli*, Jard.
448	FRANCOLINUS	VULGARIS, *Steph. ex L.*
449	FRANCOLINUS	TRISTRIATUS, *Bp.* *Francol.* ex Insula Cret.
450	CACCABIS	RUBRA, *Kaup, ex Br.* *Tetrao rufus*, L. excl syn. a. labatæi, *Bouteille.* *hybrida* cum, P. saxatile?
451	CACCABIS	*PETROSA, *Bp. ex Lath.* *Alectoris petrosa*, Kaup.
452	PERDIX	SAXATILIS, *Meyer.* *græca* occidental., Auct.
453	PERDIX	GRÆCA, *Br.* *chukar* ex Eur. Auct.
454	STARNA	PERDIX, *Bp. ex L.* *Perdix cinerea*, Br. Lath. non L. a. montana, *Gm.* b. damascena, *Br.*
455	COTURNIX	*COMMUNIS, *Bonn.* *dactylisonans*, Meyer.
456	TURNIX	*SYLVATICA, *Bp. ex Desfont.* *T. africana !* Gr. err. *T. andalusicus* et *gibraltaricus*, Gm. *Hem. tachydromus* et *lunatus*, Temm. *albigularis*, Malherb. *fœm.*

ORDO X. GRALLÆ.

TRIBUS I. CURSORES.

No.	Genus	Species
457	OTIS	*TARDA, *L.*
458	TETRAX	*CAMPESTRIS, *Leach.* *Otis tetrax*, L.
459	HOBARA	*UNDULATA, *Bp. ex Jacq.* *Otis hubara*, Gm. *O. hobara*, Desf.
460	HOBARA	MACQUEENI, *Bp. ex J. Gr.* *Otis marmorata*, Bordw.

461 ŒDICNEMUS *CREPITANS, *Temm.*
Oed. europæus, Vieill.

462 SQUATAROLA *HELVETICA, *Cuv.*
cinerea, Yarr.
melanogastra, Bechst.

463 PLUVIALIS *APRICARIUS, *Bp. ex L.*
auratus, Suckow.

464 PLUVIALIS *LONGIPES, *Bp. ex Temm.*
affinis, Boie. — *orientalis*, Schleg.

465 PLUVIORHYNCHUS MONGOLUS, *Bp. ex Pall.*
gularis, Wagl.

466 MORINELLUS *SIBIRICUS, *Bp. ex Gm.*
morinellus, L. — *tataricus*, Pall.

467 MORINELLUS CASPIUS, *Bp. ex Pall.*
asiaticus Pall. —*jugularis*, Wagl.

468 CIRREPIDESMUS PYRRHOTHORAX, *Bp. ex T.*
asiaticus? Horsf. nec Pall.

469 CHARADRIUS *HIATICULA, *L.*
Hiat. torquata, Leach, ex Br.

470 CHARADRIUS *CURONICUS, *Beseke.*
hiaticula, Pall. — *minor*, Meyer.
fluviatilis, Bechst.

471 CHARADRIUS *CANTIANUS, *Lath.*
albifrons, Meyer.—*littoralis*, Bechst.

472 HOPLOPTERUS SPINOSUS, *L.*
persicus, Bonn. — *melasomus*, Sw.

473 VANELLUS *CRISTATUS, *Br.*
V. garia, Bechst.— *Tr. vanellus*, L.

474 CHETTUSIA GREGARIA, *Bp. ex Pall.*

475 CHETTUSIA *LEUCURA, *Bp. ex Licht.*
flavipes, Savign.
villotæi, Audouin.

476 CURSORIUS *GALLICUS, *Bp. ex Gm.*
C. europæus, Lath.
isabellinus, Meyer.

477 PLUVIANUS *ÆGYPTIUS, *Bp. ex L.*
Hyas melanocephalus, Gloger.

478 GLAREOLA *PRATINCOLA, *Bp. ex L.*
austriaca, Gm. — *torquata*, Meyer.

479 GLAREOLA NORDMANNI, *Fischer.*
pratincola, Pall. nec L.
pallasii, Bruch.
melanoptera, Nordm.

480 STREPSILAS *INTERPRES, *Ill. ex L.*
Ch. cinclus Pall.
Str. collaris, Meyer.

481 HÆMATOPUS *OSTRALEGUS, *L.*
hypoleucus, Pall.

482 HIMANTOPUS *CANDIDUS, *Bonnat.*
rufipes, Bechst.
melanopterus, Meyer.

483 RECURVIROSTRA *AVOCETTA, *L.*

484 PHALAROPUS FULICARIUS, *Bp. ex L.*
Ph. platyrhynchus, Temm.

485 LOBIPES *HYPERBOREUS, *Bp. ex L.*
Ph. angustirostris, Naum.
Ph. lobatus, Lath.

486 SCOLOPAX *RUSTICOLA, *L.*
a. scoparia, *Bp.*

487 GALLINAGO MAJOR, *Leach.*
palustris, Pall.

488 GALLINAGO BREHMI, *Bp. ex Kaup.*

489 GALLINAGO SCOLOPACINUS, *Bp.*
Scolopax gallinago, L.
Sc. media, Steph.
a. peregrina, *Brehm.*
b. pygmæa, *Baillon.*

490 GALLINAGO SABINII, *Bp. ex Vig.*
Enalius sabinii, Kaup.

491 LYMNOCRYPTES *GALLINULA, *Kaup, ex L.*
Gallinago minima, Ray.
Philolymnus gallinula, Brehm.

492 MACRORAMPHUS GRISEUS, *Leach, ex Gm.*
noveboracensis, Gm.
paykulli, Nilsson.

493 MACHETES *PUGNAX, *Cuv. ex L.*

494 CALIDRIS *ARENARIA, *Ill. ex L.*
Tr. tridactyla, Pall.

495? EURINORHYNCHUS PYGMÆUS, *Bp. ex L.*
E. griseus, Nilss.

496 LIMICOLA PYGMÆA, *Koch, ex Lath.*
Tr. platyrincha, Temm.
elorioides, Vieill.

497 TRINGA *CANUTUS, *L.*
cinerea et *calidris*, L.

498 TRINGA MARITIMA, *Brunn.*
arquatella, Pall.
nigricans, Montag.

499 ANCYLOCHEILUS *SUBARQUATUS, *K. ex G.*
Falcinellus cursorius! Temm.
Erolia varia! Vieill.

500	PELIDNA	*CINCLUS, *Cuv. ex L.* *torquata*, Br *Tringa alpina*, L —*variabilis*, Mey *a. schinzi, *Brehm.* *Tr cinclus minor*, Schleg	511	ACTITIS	MACULARIA, *Ill. ex L.*
			512	ACTITIS	*HYPOLEUCA, *Ill. ex L.*
501	PELIDNA	MACULATA, *Bp. ex Vieill.* *pectoralis*, Say *bonapartii*, Schleg	513	ACTITURUS	BARTRAMIUS, *Bp. ex Wils.* *Tringa longicauda*, Nilss
			514	ACTITURUS	RUFESCENS, *Bp. ex Vieill.* *Tringa pectoralis* Mus Lugdun
502	ACTODROMUS	*MINUTUS, *Kaup, ex Leisl.* *Tringa pusilla*, Meyer	515	LIMOSA	*ÆGOCEPHALA, *Bp. ex L.* *L melanura*, Leisler
503	ACTODROMUS	*TEMMINCKI, *Bp. ex Leisl.* *Tr pusilla*, Bechst	516	LIMOSA	*LAPPONICA, *Bp. ex L.* *L rufa*, Br —*meyeri*, Leisl
504	CATOPTROPHORUS	SEMIPALMATUS, *Bp. ex L.* *speculiferus*, Cuv.	517	TEREKIA	CINEREA, *Bp. ex Guldenst.* *recurvirostra*, Pall *Xenus cinereus*, Kaup
505	GLOTTIS	*CANESCENS, *Bp. ex Gm.* *Gl chloropus*, Nilss	518?	TEREKIA	GUTTIFERA, *Bp. ex Nordm.* *Xenus guttifer*, Cab
506	TOTANUS	*STAGNATILIS, *Bechst.* *Scolopax totanus*, L	519	NUMENIUS	*ARQUATA, *Lath. ex L.*
507	ERYTHROSCELUS	*FUSCUS, *Kaup, ex L.*	520	NUMENIUS	*PHÆOPUS, *Lath. ex L.*
			521	NUMENIUS	MELANORHYNCHUS, *Bp.*
508	GAMBETTA	*CALIDRIS, *Kaup, ex L.*	522	NUMENIUS	*TENUIROSTRIS, *Vieill.* a. hastatus, *Contarini.* *hybridus cum*, N arquata b. syngenicos, *von d. Muhle.* *hybridus cum*, N Phæopo
509	HELODROMUS	*OCHROPUS, *Kaup, ex L.*			
510	RHYNCHOPHILUS	*GLAREOLA, *Kaup, ex L.*			

TRIBUS II. ALECTORIDES.

523	RALLUS	*AQUATICUS, *L.* a. minor, *Bp. Mus. Selys.*	527	CREX	*PRATENSIS, *Bechst.* *Rallus crex*, L —*Fulica nævia*, Gm
524	PORZANA	*MARUETTA, *Vieill.* *Rallus porzana*, L	528	PORPHYRIO	*VETERUM, *Gm.* *P hyacinthinus*, Temm *Ful porphyrio*, Pall
525	ZAPORNIA	*PYGMÆA, *Bp. ex Naum.* *R Stellaris*, Temm *G Baillonii* Vieill	529	GALLINULA	*CHLOROPUS, *Bp. ex L.*
			530	LUPHA	*CRISTATA, *Reich. ex Gm.* *F mitrata*, Licht.
526	ZAPORNIA	*MINUTA, *Bp ex Pall.* *pusillus*, Gm —*parvus*, Scopoli *peyrousii*, Vieill *foljambei*, Montroy	531	FULICA	*ATRA, *L.* *aterrima*, L

ORDO XI. ANSERES.

532	CYGNUS	*OLOR, *L.* *gibbus*, Bechst —*sibilus*, Pall a. immutabilis, *Yarrell.*	534	OLOR	MINOR, *Bp. ex Pall.* *C. bewicki* Yarr. *altumi*, Homeyer
533	OLOR	*CYGNUS, *Wagl. ex L.* *C musicus*, Bechst *melanorhynchus*, Meyer	535	ANSER	ARVENSIS, *Brehm.* *segetum*, Nilss a. leuconyx, *Selys.*

536	ANSER	*SEGETUM, *Gm.* *sylvestris*, Br. a. brachyrhynchus, *Baillon.* *phœnicopus*, Bartl. *brevirostris*, Thienem.
537	ANSER	*CINEREUS, *Meyer.* *vulgaris*, Pall. *Ans. ferus*, Gesner. *Anas anser*, L.
538?	ANSER	BRUCHI, *Brehm.* *medius*, Bruch.
539	ANSER	ALBIFRONS, *Bechst.* *A. erythropus!* L. a. pallipes, *Selys.* *roseipes*, Schleg.
540	ANSER	MINUTUS, *Naum.* *brevirostris*, Heckel. *cinerascens*, Brehm. *temmincki*, Boie.
541	CHEN	HYPERBOREA, *Brehm, ex Pall.* *A. cærulescens*, L.—*niveo*, Br.
542	BERNICLA	LEUCOPSIS, *Bechst.* *A. erythropus*, Gm.—*brenta*, Klein. *bernicla*, Pall.
543	BERNICLA	*BRENTA, *Steph. ex Br.* *torquata*, Belon, nec Gm. *A. bernicla*, L. nec Pall. a. glaucogaster, *Brehm.*
544	BERNICLA	RUFICOLLIS, *Steph. ex Pall.* *torquata*, Gm. nec Belon.
545	CASARCA	*RUTILA, *Bp. ex Pall.* *A. casarca*, L
546	TADORNA	*BELLONI, *Leach, ex Ray.* *A tadorna*, L.—*cornuta*, Gm. *Tad. familiaris*, Boie. *vulpanser*, Flem.
547	ANAS	*BOSCHAS, *L.* *adunca*, L. *var.*
548	CHAULELASMUS	*STREPERA, *Gr. ex L.*
549	RHYNCHASPIS	*CLYPEATA, *Leach, ex L.* *A. clypeata*. L —*rubens*. Gm. *Spatula clypeata*, Boie.
550	PTEROCYANEA	*CIRCIA, *Bp. ex L.* *A. querquedula* et *circia*, L.
551	QUERQUEDULA	*CRECCA, *Steph. ex L.*
552	EUNETTA	FALCATA, *Bp. ex Pall.* *A. falcaria*, Lath. *drepanopteros*, Messerschm.
553	EUNETTA	FORMOSA, *Bp. ex Georg.* *A. torquata*, Messerschm, nec Vieill. *A. picta*, Steller.—*baikal*, Bonn. *A. glocitans*, Pall. nec Gm.
554	EUNETTA	BIMACULATA, *Bp. ex Penn.* *A. glocitans*, Gm. nec Pall.
555	MARMORONETTA	*ANGUSTIROSTRIS, *Reich.* *A. angustirostris*, Ménétr. *A. marmorata*, Temm. *Dafila marmorata*, Eyton.
556	DAFILA	*ACUTA, *Leach, ex L.* *Anas caudacuta*, Ray.
557	MARECA	*PENELOPE, *Steph. ex L.* *Anas fistulans*, Br.
558	MARECA	AMERICANA, *Steph. ex L.*
559	SOMATERIA	MOLLISSIMA, *Leach, ex L.* *Anser lanuginosus*, Br.
560	SOMATERIA	SPECTABILIS, *Leach, ex L.* *freti-hudsonis*, Br.
561	STELLERIA	DISPAR, *Bp. ex Sparm.* *Anas stelleri*, Pall. *A. occidua*, Shaw.
562	PELIONETTA	PERSPICILLATA, *Kaup, ex L.*
563	MELANETTA	*FUSCA, *Boie, ex L.* *A. fuliginosa*, Bechst. *fæm.*
564	OIDEMIA	*NIGRA, *Flem. ex L.* *A. cinerascens*, Bechst, *fæm.* *A. atra*, Pall.
565	FULIGULA	*CRISTATA, *Ray.* *A. fuligula*, L.—*A. colymbis*, Pall.
566	MARILA	COLLARIS, *Bp. ex Donovan.* *A. fuligula*, Wils. *F. rufitorques*, Bp.
567	MARILA	*FRENATA, *Bp. ex Sparrm.* *A. marila*, L.— *M. typica*, Aliq.
568	MARILA	AFFINIS, *Eyton.* *A. marila*, Wils.—*minor*, Giraud. *A. mariloides*, Vig. nec Yarr. *M. americana*, Schlegel.
569	NYROCA	*LEUCOPHTHALMA, *Fl. ex Bechst.* *A. nyroca*, Guldenst.
570	AYTHYIA	*FERINA, *Boie, ex L.* *A. rufa*, Gm. a. intermedia. *Jaubert.* *hybr.* cum N. leucophthalma. b. homeyeri, *Baedeker.* c. ferinoides, *Bartl.* *leucoptera*, Newton. *mariloides!* Yarr. nec Vig.
571	CALLICHEN	*RUFINA, *Bp. ex Pall.* *erythrocephala*, Gm. *Branta rufina*, Boie. *Callichen ruficeps*, Brehm.

572	HARELDA	GLACIALIS, *Leach, ex L.* *A. hyemalis*, L.—*miclonia*, Bodd.	
573	CLANGULA	*GLAUCION, *Boie, ex L.* *A. clangula*, L.—*hyemalis*, Pall. *Cl. vulgaris*, Flem. *Cl. chrysophthalma*, Steph.	
574	CLANGULA	ISLANDICA, *Bp. ex Gm.* *Cl. barrowii*, Sw.	
575?	CLANGULA	ALBEOLA, *Jenyns, ex L.*	
576	HISTRIONICUS	TORQUATUS, *Less. ex Br.* *A. histrionica*, L. *mas.* *A. minuta*, L. *fœm.* *Phlyaconetta histrionica*, Brandt. a. minuta, *Bredm.*	
577	ERISMATURA	*LEUCOCEPHALA, *Bp. ex Scop.* *A. mersa*, Pall.	
578	MERGANSER	*CASTOR, *Bp. ex L.* *Mergus merganser*, L.	
579	MERGUS	*SERRATOR, *L.* *M. cristatus*, Br. nec L.	
580?	LOPHODYTES	CUCULLATUS, *Reich. ex L.*	
581	MERGELLUS	ALBELLUS, *Bp. ex L.* *M. albellus*, L. *mas.* *M. minutus*, L. *fœm.* a. anatarius, *Eimbeck.* *Anas cucullata?* Frisch. *Cl. angustirostris*, Brehm. *hybridus* cum Clangula glaucion.	

APPENDIX POUR LES OISEAUX DE L'ALGÉRIE

NON COMPRIS DANS LE CATALOGUE DES EUROPÉENS.

ORDO II. ACCIPITRES.

1 OTOGYPS AURICULARIS
a. nubicus, *Bp ex Smith.*
pennatus? Brehm jun
Non seulement de l'Afrique sept, mais, à ce qu'il paraît, de Grece

2 AQUILA NÆVIOIDES, *Cuv.*
rapax, Temm
belisarius, Lev jun

3 PANDION HALIÆTUS
a. albicollis, *Bp. ex Brehm.*

4 POLIORNIS RUFIPENNIS, *Bp. ex Strickl.*
erythropterus, Schleg
pyrrhopterus, Dubus
Circus? mulleri, Heuglin

5 GENNAJA BARBARA, *Bp. ex L.*
F alphanet, Schleg
punicus, Lev jun

6 CHIQUERA MACRODACTYLA, *Bp. ex Sw.*
F chicquera, Daud
macrodactylus, Sw

7 TINNUNCULUS ALAUDARIUS
b. guttatus, *Bp. ex Sw.*
F rupicola? Rupp nec Daud

8 MICRONISUS GABAR
a. niger, *Bp. ex Vieill.*
F carbonarius, Licht

9 STRIX AFRICANA, *Bp.*
flammea, Hartl — *splendens*, Brehm

ORDO III. PASSERES.

TRIBUS I OSCINES.

10 GARRULUS CERVICALIS, *Bp.*
melanocephalus, Schleg nec Bon

11 PICA MAURITANICA, *Malherbe.*

12 PASSER DOMESTICUS
a. tingitanus, *Bp.*

13 PASSER RUFIPECTUS, *Bp.*

14 PASSER ARBOREUS, *Rupp.*
a. castaneus, *P. Wurt.*

15 FRINGILLA SPODIOGENA, *Bp.*
africana, Lev. jun

16 CHLOROSPIZA AURANTIIVENTRIS, *Caban.*

17 FRINGILLARIA SAHARA, *Bp. ex Lev. jun.*

18 RUTICILLA MOUSSIERI, *Bp. ex Olph-Gaill.*
Pratincola? moussieri, Baldamus

19 RUTICILLA MESOMELA, *Bp. ex Ehrenb.*
R marginella, Bp
R bonapartii? von Mull

20 CYANECULA LEUCOCYANA, *Brehm jun.*
orientalis? Brehm
dichrosterna? Brehm

21? CALAMOHERPE BRACHYPTERA, *Jaubert.*
Hypolais fuscescens? Selys
Brachypteri species? Sw, ex Prov Oran

22 HYPOLAIS VERDOTI, *Jaubert.*

23 CRATEROPUS FULVUS, *Bp. ex Desfont.*
Cr numidicus, Lev jun
Malurus numidicus, Malherbe
Crat acaciæ, Malh nec Rupp

24 PARUS LEDOUCII, *Malherbe.*

25 CYANISTES ULTRAMARINUS, *Bp.*
P cœruleanus, Malh
violaceus, Mus Paris
teneriffæ? Vieill
lusitanicus? Mus Vindob

26 MOTACILLA ALBA
b. algira, *Selys.*

27 OTOCORIS BILOPHA, *Bp. ex Temm.*
Alauda bicornis, Hempr.

28 ANNOMANES CINNAMOMEA, *Bp.*
Melanocorypha ferruginea, Brehm jun
Alauda cordofanica, Strickl 1850
Galerita rutila, von Mull

29 RAMPHOCORIS CLOT-BEY, *Bp. ex Temm.*
Hierapterina cavagnaci Lucas

30 GALERITA ISABELLINA, *Bp. ex Rupp. nec T.*
G flava? Brehm jun

31 LANIUS ALGERIENSIS, *Less.*

32 MUSCICAPA SPECULIGERA, *Selys.*

33 COTYLE OBSOLETA, *Cab.*
C rupestris, Rupp

TRIBUS II. VOLUCRES.

SERIES I. ZYGODACTYLI.

34 OXYLOPHUS PHAIOPTERUS, *Bp. ex Rupp.*
Ox algirus Malherbe
Cuculus abyssinicus, Malh
ex Egypt Algir

35 PICUS NUMIDICUS, *Malh.*
jaballa, Lev jun

36 PICUS MINOR
a. ledouci, *Malh.*

37 GECINUS VAILLANTII, *Bp. ex Malh.*
Picus algirus, Levaill jun

SERIES II. ANISODACTYLI

38 CAPRIMULGUS ISABELLINUS, *Temm.*
C ægyptius, Licht

ORDO V. COLUMBÆ.

39 PALUMBUS EXCELSUS, *Bp. ex Buvry.*

40 COLUMBA GYMNOCYCLA, *Gr.*
C senegalensis, Mus Berol
C unicolor? Brehm

ORDO VI. HERODIONES.

41 GARZETTA EGRETTA
a. lindermayeri, *Brehm.*

42 COMATIBIS COMATA, *Reich. ex Ehrenb.*
Ibis calva Malh nec Vieill

ORDO VII. GAVIÆ.

43 PHLALACROCORAX CARBO
b. brachyrhynchus, *Licht.*

44 MICROCARBO PYGMÆUS
a. algeriensis, *Bp. ex Reich.*
Pel africanus hinc
Phal niepcii, Malh

ORDO IX. GALLINÆ.

45 PTEROCLURUS SENEGALUS *Bp. ex L.*
Pt guttatus, Licht

ORDO X. GRALLÆ.

46	CHORIOTIS ARABS, *Bp. ex L.* *abyssinica*, Gr.				48	PORPHYRIO CHLORONOTUS, *Br. jun. nec.* *P. hyacinthinus*, Rupp. *P. ægyptiacus*, Heugl.
47?	HÆMATOPUS MOQUINI, *Bp.* *Melanibyx* africana! *H. niger*, Moquin, nec Auct. *H. unicolor*, Licht. nec Wagl					

ORDO XI. ANSERES.

49	CHENALOPEX ÆGYPTIACUS, *Steph. ex Br.* *Anser varius*, Seba.					

ORDO XII. STRUTHIONES.

50	STRUTHIO CAMELUS, *L.*					

SECOND APPENDIX POUR LES OISEAUX EXOTIQUES

ACCLIMATÉS EN EUROPE.

ORDO I. PSITTACI.

1 NYMPHICUS NOVÆ-HOLLANDIÆ, *Bp. ex Gm.*
Calopsitta guy, Less.
Leptolophus auricomus, Sw.
ex Australia.

2 EUPHEMA PULCHELLA, *Wagl. ex Shaw.*
Ps. chrysogaster, Lath.
Ps. edwardsi, Bechst.
Lathamus azureus, Less.
ex Nova-Holland.

3 MELOPSITTACUS UNDULATUS, *Gould, ex Sh.*
Nanodes undulatus, Vig.
ex Nova-Holland.

ORDO III. PASSERES.

4 ESTRELDA STRIATA, *Bp. ex Br.*
Loxia astrild, L.
Fringilla undulata, Br.
Habropyga astrild, Cab.
ex Afr. m. Ins. Maur.

5 URŒGINTHUS BENGALUS, *Cab. ex L.*
Estrelda phœnicotis, Sw.
ex Afr. or. et occ.

6 LAGONOSTICTA RUBRICATA, *Cab. ex Licht.*
ex Africa meridionali.

7 AMADINA FASCIATA, *Sw. ex L.*
Loxia jugularis, Shaw.
Fr. detruncata, Licht.
Sporothlastes fasciata, Cab.
ex Afr. or. et occ.

8 PADDA ORYZIVORA, *Reich. ex L.*
Oryzornis javensis, Cab. ex Sparm.
ex Malaiasie.

9 PAROARIA CUCULLATA, *Bp. ex Lath.*
Cardinalis dominicanus, Br.
Fr. dom. cristata, Bodd.
ex Brasil. Parag.

10 SERINUS CANARIUS, *Boie, ex L.*
a. flavus, *var.* ubique cultus
b. hybridos parit *cum*
Pyrrhula rubicilla, *Fr. cœlibe*,
Pass. domestico, *P. italiæ*,
Serino meridionali,
Card. aurato, *Linota cannabina*,
Acanth. linaria, etc., etc.
ex Ins. Mader.

ORDO V. COLUMBÆ.

11 STICTÆNAS TRIGONIGERA, *Reich. ex Wagl.*
ex Afr. m.

12 PATAGIÆNAS CORENSIS, *Reich. ex Gm.*
C. portoricensis, Temm.
monticola, Vieill.
imbricata, Wagl.
ex Am. calid.

13 ECTOPISTES MIGRATORIUS, *Sw. ex L.*
Columba canadensis, L.
ex Amer. s.

14 STREPTOPELIA RISORIA, *Bp. ex L.*
ex As. m. et occ.
a. alba, *Temm. nec Gm.*
Turtur albus, Gr.

15 MELOPELIA LEUCOPTERA, *Bp. ex L.*
ex Antillis, Mexico.

16 ZENAIDA AMABILIS, *Bp.*
ex Florida, Antill.

17 ZENAIDA MARTINICANA, *Bp. ex Br.*
Col. aurita, Temm.
castanea, Wagl.
ex Antillis.

18 OCYPHAPS LOPHOTES, *Gould, ex Temm.*
ex N. Holl.

19 PHAPS CHALCOPTERA, *Selby, ex Lath.*
ex N. Holl.

20 PHAPS **HISTRIONICA**, *Gould.*
ex Australia

21 GOURA **CORONATA**, *Flem. ex Lath.*
Megapelia coronata, Kaup
ex Insula Banda, Nova Guinea

22 GOURA **VICTORIÆ**, *Bp. ex Fraser.*
Columba steursi, Temm
ex Nova Guinea
a. hybrida *præcedentis* parit
et ejusdem nepos cum parentibus

ORDO VI. HERODIONES.

23 LEUCOGERANUS **MONTIGNESIUS**, *Bp.*
Grus japonensis? Br
viridirostris? Vieill
collaris? Temm
ex China sept nec Japon

24 TETRAPTERYX **PARADISEA**, *Bp. ex Licht.*
T capensis, Thunberg
Anthropoides stanleyanus, Vig

ORDO IX. GALLINÆ.

25 NUMIDA **MELEAGRIS**, *L.*
Meleagris typus, O des Murs,
ex Afr

26 MELEAGRIS **MEXICANA**, *Gould.*
M gallopavo, var B L
Meleagris domesticus, Auct
Gallopavo O des Murs
ex Amer s Mexico

27 CRAX **GLOBICERA**, *L.*
ex Am m

28 PAVO **CRISTATUS**, *L.*
Phasianus pavo, Br,
ex Asia merid

29 PHASIANUS **TORQUATUS**, *Bonnat.*
ex Asia centrali et orientali
a. hybridus *cum Ph. colchico. L.*

30 PHASIANUS **VERSICOLOR**, *Vieill.*
Ph diardi, Temm

31 THAUMALEA **PICTA**, *Wagl. ex L.*
Phasianus aureus sinensis, Br,
ex Asia orientali

32 GENNÆUS **NYCTHEMERUS**, *Wagl. ex L.*
Nycthemerus argentatus, Sw,
ex Asia m

33 GALLUS **FERRUGINEUS**, *Gr. ex Gm.*
G gallinaceus, Gesn
gallorum, Less
giganteus et bankiva, Temm
Phas gallus, L,
ex Asia m Oceania
a. varietates innumeræ.

34 GALLUS **SONNERATI**, *Temm.*
Phas gallus, Scopoli, *an Gm* ?
G indicus, Leach,
ex Asia meridionali
a. varietates domesticæ.

35 LOPHOPHORUS **IMPEYANUS**, *Gr. ex Lath.*
refulgens, Temm,
ex Asia m

36 CUPIDONIA **AMERICANA**, *Reich. ex Br.*
Tetrao cupido, L
ex Amer s

37 BONASIA **UMBELLUS**, *Bp. ex L.*
Tetrao togatus, L
ex Am s

38 SCLEROPTILA **RUPPELLI**, *Bp. ex Gr.*
Fr clappertoni, Rupp nec Children,
ex Afr oc

39 ORTYX **VIRGINIANA**, *Steph. ex L.*
Perdix borealis, Temm,
ex Am s

40 LOPHORTYX **CALIFORNICA**, *Bp. ex Shaw.*
Callipepla californica, Gr ex Wagl
Tetrao californicus, Shaw,
ex Am s occ

41 TURNIX **LEPURANA**, *Smith.*
ex Afr m

ORDO XI. ANSERES.

No.	Genus	Species
42	CHENOPIS	ATRATA, *Wagl. ex Lath.* *Anas plutonia*, Shaw, ex Nova-Hollandia
43	CYGNOPSIS	CYGNOIDES, *Brandt, ex L.* *Anser guineensis*, Br. *moscovitica*, Br. ex As. orient. s.
44	CHLOEPHAGA	MAGELLANICA, *Eyt. ex Gm.* *A. leucoptera*, Gm.
45	BERNICLA	CANADENSIS, *Steph. ex L.* *Cygnopsis canadensis*, Brandt, ex Amer. s.
46	BERNICLA	SANDWICHENSIS, *Vig.* *hawaiensis*, Eyd. et Soul., ex Oceania, Micronesia
47	CEREOPSIS	NOVÆ-HOLLANDIÆ, *Lath.* *cinereus*, Cuv. *griseus*, Vieill. *australis*, Sw., ex Australia
48	PLECTROPTERUS	GAMBENSIS, *Leach, ex L.* *Anser spinosus*, Bonn., ex Afr. occ.
49	CAIRINA	MOSCHATA, *Flem. ex L.* a. purpureo-viridis, *Schinz.* *hybrida* cum Anate Boscha
50	CHENALOPEX	ÆGYPTIACUS, *Br.* *Anser varius*, Seba, ex Afr. or.
51	CHENALOPEX	JUBATA, *Spix, nec L.* *A. pollicaris*, Ill. *A. polycomos*, Cuv. ex Am. m.
52	ANAS	OBSCURA, *Gm.* ex Am. s.
53	ANAS	XANTHORHYNCHUS, *Forst.* *flavirostris*, Smith, ex Afr. m.
54	ANAS	ERYTHRORHYNCHA, *Gm.* ex Afr. m.
55	PÆCILONETTA	BAHAMENSIS, *Eyt. ex L.* *Anas rubrirostris*, Vieill. ex Am. calid.
56	AIX	SPONSA, *Boie, ex L.* *Anas carolinensis*, Br., ex Amer. s.
57	AIX	GALERICULATA, *Boie, ex L.* ex Asia orientali, China

ORDO XII. STRUTHIONES.

No.	Genus	Species
58	RHEA	AMERICANA, *Lath.* *Struthio rhea*, L. ex Am. m.
59	CASUARIUS	EMU, *Lath.* *Struthio casuarius*, L. ex As. m.
60	DROMÆUS	NOVÆ-HOLLANDIÆ, *Bp. ex Lath.* *C. ater*, Gould, nec Vieill., ex Australia.

LISTE D'OISEAUX QUE L'ON FAIT PASSER POUR EUROPÉENS.

ORDO II. ACCIPITRES.

1	GYPS	**KOLBI**, *Bp. ex Daudin.* par confusion avec *fulvus* adulte
2	GYPS	**RUPPELLI**, *Bp. ex Natter.* *magnificus*, von Mull, *marmoratus*, Brehm, juv par confusion avec *vulgaris* ou *occidentalis*
3	OTOGYPS	**AURICULARIS**, *Gr. ex Daud.* de l'Afr m confondu avec *nubicus*, Ham Smith, de l'Afr or
4	GYPÆTUS	**NUDIPES**, *Brehm.* *meridionalis*, Keys et Bl., confondu avec *G occidentalis*, Schleg
5	HALIÆTUS	**LEUCOCEPHALUS**, *Bp. ex L.* de l'Amérique septentrionale, confondu avec *Hal. albicilla*
6	CUNCUMA	**VOCIFERA**, *Gr. ex Daud.* d'Afrique, par erreur grossière
7	PANDION	**CAROLINENSIS**, *Bp. ex Gm.* *F haliætus arundinaceus*, Gm d'Amérique exclusivement
8	TINNUNCULUS	**SPARVERIUS**, *Vieill. ex L.* d'Amérique seulement
9	MICRONISUS	**GABAR**, *Gr. ex Daud.* d'Afrique mér, admis par erreur
10	ULULA	**NEBULOSA**, *Cuv. ex Gm.* de l'Amérique septentrionale, par *quiproquo* géographique

ORDO III. PASSERES.

11	CORVUS	**OSSIFRAGUS**, *Wils.* *Monedula spermolega*, Temm ex Vieill ex America sept
12	MONEDULA	**DAURICA**, *Cab. ex Pall.* *Corvus capitalis*, Wagl, ex Asia sept orientali
13	GARRULUS	**ATRICAPILLUS**, *Is. Geoffr.* *melanocephalus*, Bonelli *stridens*, Ehrenb *iliceti*, Hemprich, ex Asia, occ Syria
14	GARRULUS	**CERVICALIS**, *Bp.* *G melanocephalus*, Temm nec Bon. ex Africa septentrionali
15	AGELAIUS	**PHŒNICEUS**, *Vieill. ex L.* ex America sept Aufugus
16	LOXIA	**LEUCOPTERA**, *Gm.* ex Am septentr confondue avec *L bifasciata*, Gloger
17	LEUCOSTICTE	**BRANDTI**, *Bp.* *Fr gebleri*, Brandt, 1843, nec 1841, ex Sibiria orientali
18	ONYCHOSPINA	**FUCATA**, *Bp. ex Pall.* *Emb lesbia*, Temm nec Gm ex Japonia, Asia septentrionali, par confusion avec une Bouscarle
19	JUNCO	**HYEMALIS**, *Bp. ex L.* *Fringilla* hinc *Emb hyemalis*, L species danica, sed non europæa
20	TURDUS	**MOLLISSIMUS**, *Blyth.* *oreocincloides?* Hodgs, d'Asie, mais jamais d'Europe, confondu tantôt avec *T hodgsoni*, Bp, tantôt avec une *Oreocincla*
21	PLANESTICUS	**MIGRATORIUS**, *Bp. ex L.* ex Am septentr; confondu avec *Plan olivaceus*, Bp ex L d'Afrique, ou échappé de captivité
22	RUTICILLA	**AURORA**, *Bp. ex Pall.* de l'Asie orientale, confondue avec *R erythrogastra*, Guldenstein
23	CALLIOPE	**PECTORALIS**, *Gould.* ex montibus himal, confondue avec *C camtschatkensis*, qui se montre accidentellement en Europe

24 TROGLODYTES **FUMIGATUS**, *Temm.*
Race du Japon, confondu avec les individus *enfumés* du midi de l'Eur.

25 SITTA **CAROLINENSIS**, *Lath.*
melanocephala, Vieill.,
de l'Am. s., par mystification.

26 BAEOLOPHUS **BICOLOR**, *Cab. ex L.*
Lophophanes bicolor, Kaup.
species quidem danica, sed non Eur.

27 CINCLUS **PALLASII**, *Temm.*
Sturnus cinclus, var. Pall.
ex Sibiria or. Japon. Corea! nec Crim.

28 MOTACILLA **LUGUBRIS**, *Temm.* 1836 *nec* 1820.
M. lugens, Licht.
M. albeola, var. Kamtschatica, Pall.
leucoptera, Vig.
ex As. or. cum *Mot. alba* var. *yarelli* confusa.

29 ANTHUS **LUDOVICIANUS**, *Bp. ex Gm.*
pipiens, aquaticus, et *hypogœus?* Aud.
ex Am. s., par confusion avec une des espèces européennes.

30 CECROPIS **CAPENSIS**, *Bp. ex Gm.*
cucullata, Bodd.
véritable *rousseline*, confondue par Temminck avec son *H. rufula*.

31' CECROPIS **SENEGALENSIS**, *Bp. ex L.*
figurée par Gould, induit en erreur par l'étiquette du Musée de Paris, comme l'*Hir. rufula* d'Europe.

32 PROGNE **PURPUREA**, *Boie, ex L.*
ex America s.

33 COCCYZUS **AMERICANUS**, *Vieill. ex L.*
ex America s.

34 STREPTOCERYLE **ALCYON**, *Bp. ex L.*
ex America s.

35 PALLENIA **CAUDACUTA**, *Bp. ex Lath.*
ex Australia!

36 SCOTORNIS **CLIMACURUS**, *Sw. ex Lev.*
Capr. wiederspergi, Reich.
ex Africa., admis sur des renseignements reconnus faux, par l'introducteur lui-même.

37 CAPRIMULGUS **ATROVARIUS**, *Sundev.*
de l'Afr. m., admis par une erreur de traduction comme accidentel en Suède, et sous le nom d'*atricollis!*

ORDO VI. HERODIONES.

38 CICONIA **MAGUARI**, *Gm.*
C. americana, Br.
C. jaburu, Spix.
de l'Amér. mér., échappée de quelque ménagerie.

39 BUBULCUS **COROMANDUS**, *Bp. ex Steph.*
Ardea russata, Temm.
ex Asia m. Ocean.
cum *Bubulco ibi*, *Ardea verany*i, Risso, ipso et accidentali, confusus.

40 NYCTHERODIUS **VIOLACEUS**, *Reich. ex L.*
ex America tropicali, e vivariis aufugus.

41 TANTALUS **IBIS**, *L.*
rhodinopterus, Wagl.
de l'Afr. centrale, admis par confusion avec *Ib. sacra*.

ORDO VII. GAVIÆ.

42 PELECANUS **MITRATUS**, *Licht.*
Grand Pélican de l'Afrique méridionale, plus ou moins semblable au *rufescens*, inexplicablement confondu avec *Pelecanus onocrotalus minor* d'Europe.

43 SULA **MELANURA**, *Licht.*
species africana cum *Sula* *efeuru* confusa.

44 PODICEPS **CORNUTUS**, *Gm.*
species Americæ septentrionalis cum *P. sclavo*, Bp. male confusa.

ORDO X. GRALLÆ.

45 PARRA **[illegible]**, *L.*
P. variabilis, L.
ex Amer. [illegible]

PARIS. — IMPRIMERIE DE DUBUISSON ET Cᵉ, RUE COQ-HÉRON, 5.

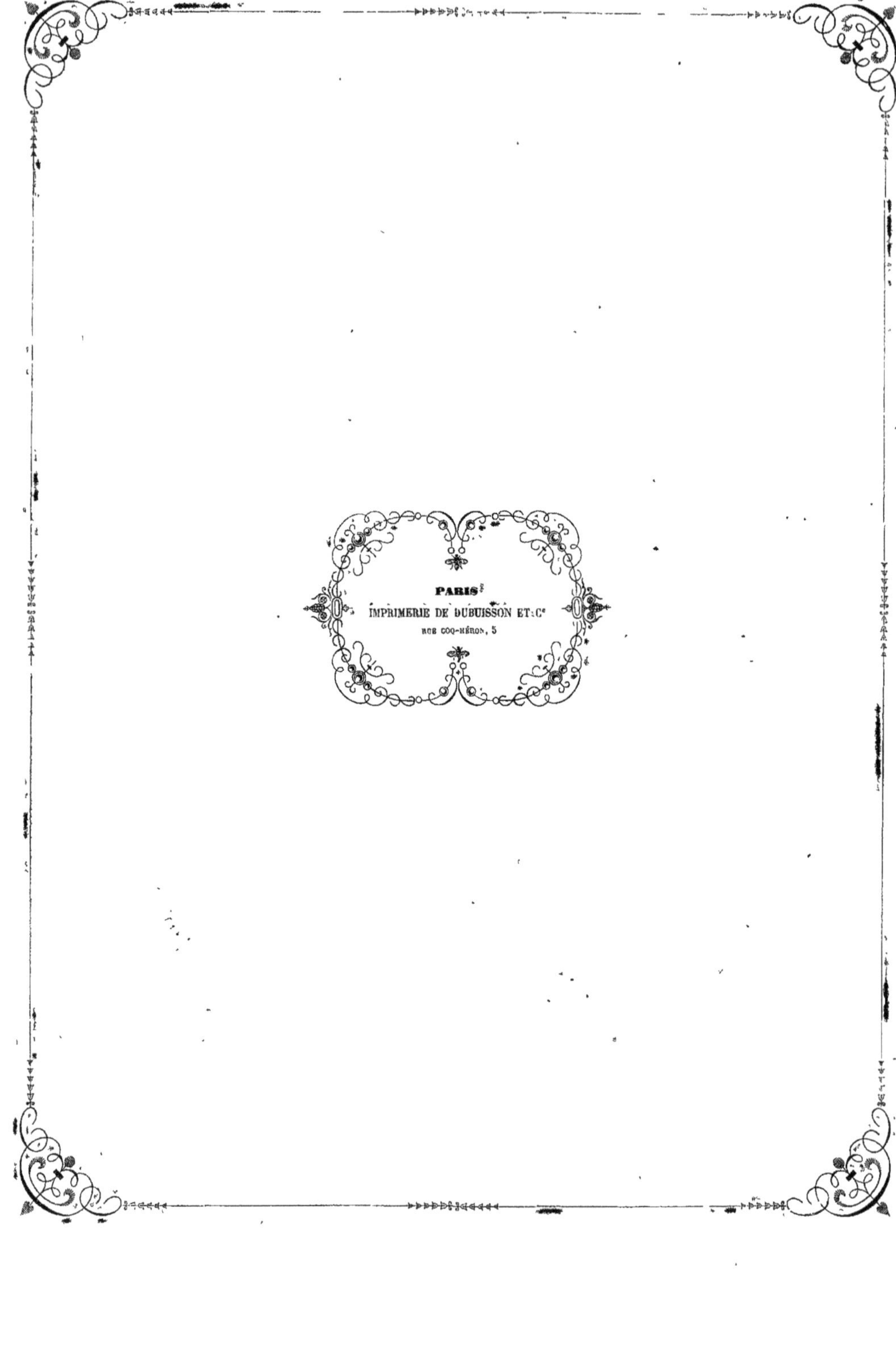
PARIS
IMPRIMERIE DE DUBUISSON ET Cᵉ
RUE COQ-HÉRON, 5

www.ingramcontent.com/pod-product-compliance
Ingram Content Group UK Ltd.
Pitfield, Milton Keynes, MK11 3LW, UK
UKHW012309240726
13966UKWH00004B/1742

9 782012 784345